简单可爱的

玩偶结艺

●展坤 主编

辽宁科学技术出版社

·沈阳·

本书编委会

主　编　展　坤

编　委　廖名迪　谭阳春　吴　斌　李玉栋　贺梦瑶

图书在版编目（CIP）数据

简单可爱的玩偶结艺 / 展坤主编. —沈阳：辽宁科学技术
出版社，2013.5

ISBN 978-7-5381-7997-2

I. ①简…　II. ①展…　III. ①绳结—手工艺品—制作
—中国　IV. ① TS935.5

中国版本图书馆 CIP 数据核字（2013）第 065153 号

如有图书质量问题，请电话联系
湖南攀辰图书发行有限公司
地址：长沙市车站北路 649 号通华天都 2 栋 12C025 室
邮编：410000
网址：www.penqen.cn
电话：0731-82276692　82276693

出版发行：辽宁科学技术出版社
　　　　　（地址：沈阳市和平区十一纬路 29 号　邮编：110003）
印 刷 者：长沙市永生彩印有限公司
经 销 者：各地新华书店
幅面尺寸：143mm × 210mm
印　　张：5
字　　数：100 千字
出版时间：2013 年 5 月第 1 版
印刷时间：2013 年 5 月第 1 次印刷
责任编辑：卢山秀　攀　辰
封面设计：颜治平
版式设计：攀辰图书
责任校对：合　力

书　　号：ISBN 978-7-5381-7997-2
定　　价：22.80 元
联系电话：024-23284376
邮购热线：024-23284502

中华民族艺术源远流长、博大精深，蕴含着人类独特的文化记忆和民族情感，于历史舞台上世代相承。中国结发展到今天，已由传统的中国结艺，演变为现代的时尚创意中国结。

我对绳结有着先天的禀赋和慧质，不管多复杂的作品，我只要一看就能领悟、拆解、制作并创新。本书中的许多精美作品就是我自创的。

"传播中华民间艺术，缔造民族经典品牌"是我心中的梦想，为了实现这个梦想，创业数年来，我一直奔波于市场开发和产品创新的道路上，并将自己的手艺和信念传播于学校、幼儿园以及社会的各个阶层，经常受邀定期举办民间艺术绳结的公益讲座。目前我已培训学员、会员数千人，受到江苏电视台、南京电视台、江宁电视台等多家媒体的报道和宣传，并通过自己的产品制造和销售带动部分失业和无法就业的社会闲置人员获取收益。

本书包含了数十个结艺玩偶的编织方法，每个作品都栩栩如生，为家居生活带来了无限乐趣！

展坤

2013 年 4 月 22 日于南京

CONTENTS 目录

基础知识 >>

线材

编制结饰时，最主要的材料当然是线，线的种类很多，包括丝、棉、麻、尼龙、混纺等，都可用来编结，采用哪一种线，得看要编哪一种结，以及结要做何用途而定。一般来讲，编结的线纹路愈简单愈好，一条纹路复杂的线，虽然未编以前看来很美观，但是用来编中国结，不但结的纹式尽被吞没，而线本身具有的美感也会因结线条的干扰而失色。

线的硬度要适中，如果太硬，在编结时操作不便，结形也不易把握；如果太软，编出的结形不挺拔，轮廓不显著，棱角不突出。不过扇子、风铃等具有动感的器物下面的结，则宜采用质地较软的线，使结与器物能合二为一，在摇曳中具有动态的韵律美。

谈到线的粗细，首先要看饰物的大小和质感。形大质粗的东西，宜配粗线；雅致小巧的物件，则宜配以较细的线。譬如壁饰等一类室内装饰品，则用线比较自由，不同质地的线，就可以编出不同风格的作品来。

选线也要注意色彩，为古玉一类古雅物件编装饰结，线易选择较为含蓄的色调，诸如咖啡或墨绿色；为一些形制单调、色彩深沉的物件编配装饰结时，若在结中夹配少许色调醒目的细线，譬如金、银或者亮红，立刻会使整个物件栩栩如生、璀璨夺目。

玉线

金线

6号线

4号线

5号线

工具

　　在编较复杂的结时，可以用珠钉来固定线路。一根线要从别的线下穿过时，也可以利用镊子和锥子来辅助操作。结饰编好后，为固定结形，可用针线在关键处稍微钉几针。另外，为了修剪多余的线，一把小巧的剪刀是必需的。

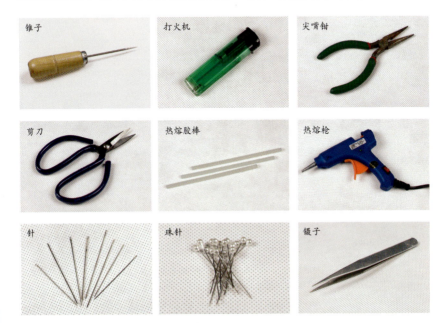

锥子　　打火机　　尖嘴钳

剪刀　　热熔胶棒　　热熔枪

针　　珠针　　镊子

配饰

一件好的中国结作品，往往是结饰与配件完美结合，很多结饰用圆珠、管珠镶嵌在结表面，做坠子则用各种玉石、金银、陶瓷、珐琅等饰物。

铜钱

活动眼珠

金属配件

金属圈

铃铛

木珠

水晶配饰

头像

玉饰

玉珠

中国结的文化内涵

　　中国结历史悠久，漫长的发展过程使得中国结渗透着中华民族特有的文化内涵，富含丰富的文化底蕴。"绳"与"神"谐音，中国古代人们曾经崇拜过绳子。据文字记载："女娲引绳在泥中，举以为人。"又因绳像蟠曲的蛇龙，中国人是龙的传人，龙神的形象，便用绳结的变化来体现。"结"字也是一个表示力量、和谐，充满情感的字眼，无论是结合、结交、结缘、团结、结果，还是结发夫妻，永结同心，"结"给人都是一种团圆、亲密、温馨的感觉，"结"与"吉"谐音，"吉"有着丰富多彩的内容，福、禄、寿、喜、财、安、康无一不属于吉的范畴。"吉"就是人们永恒的追求主题，"绳结"这种民间技艺因其独特的文化内涵也就自然流传至今。

　　中国结皆因其形意而得名，如盘长结、藻井结、双钱结等，体现了我国古代的文化信仰及浓郁的民族特色，体现着人们追求真、善、美的良好的愿望。在新婚的帐钩上，装饰一个"盘长结"，寓意一对相爱的人永远相随相依、永不分离。在佩玉上装饰一个"如意结"，引申为称心如意、万事如意。在扇子上装饰一个"吉祥结"，代表大吉大利、吉人天相、祥瑞、美好。在烟袋上装饰一个"蝴蝶结"，"蝴"与"福"谐音，寓意福在眼前、福运叠至。大年三十晚上，长辈用红丝绳穿上百枚铜钱作为压岁钱，以求孩子"长命百岁"。端午节用五彩丝线编制成绳，挂在小孩脖子上，用以避邪，称为"长命缕"。本命年里为了驱病除灾，用红绳扎于腰际。所有这些都是用"结"这种无声的语言来寄寓吉祥。中国人在表达情爱方面往往采用委婉、隐晦的形式，"结"便充当了男女相思相恋的信物，将那缕缕丝绳编制成结，赠与对方，万千情爱，绵绵思恋也都蕴含其中。梁武帝诗有"腰间双绮

带、梦为同心结"。宋代诗人林逋有"君泪盈、妾泪盈，罗带同心结未成，江头潮已平"的诗句。一为相思，一为别情，都是借"结"来表达情意。至于结的表意价值，历代文人墨客有大量生动的描写。纵观中国古代诗词歌赋，从中我们不难发现，绳结早已超越了原有的实用功能，并伴随着中华民族的繁衍壮大、生活空间的拓展、生命意义的延伸和社会文化体系的发展而世代相传。

《诗经》中关于结的诗句有：亲结其缡，九十其仪。这是描述女儿出嫁时，母亲一面为其扎结，一面叮嘱许多礼节时的情景，这一婚礼上的仪式，使"结缡"成为古时成婚的代称。

战国时屈原在《楚辞·九章·哀郢》中写道：心绖结而不解兮，思蹇产而不释。作者用"绖而不解"的诗句来表达自己对祖国命运的忧虑和牵挂。古汉诗中亦有："著以长相思，缘以结不解。以胶投漆中，谁能离别此。"其中用"结不解"和胶漆相融来形容感情的深厚，可谓是恰到好处。晋朝的刘伶在《青青河边草篇》中写道：梦君结同心，比翼游北林。

唐代是我国文化艺术发展的一个重要时期。在此期间，诗词等文学作品对结的承颂也很是突出。唐朝著名诗人孟郊的《结爱》，当属这方面的代表之作：心心复心心，结爱务在深。一度欲离别，千回结衣襟。结妾独守志，结君早归意。始知结衣裳，不知结心肠。坐结亦行结，结尽百年月。

结字，把我们同祖先思绪相连；结字，使我们与古人情意相通。正可谓是：天不老，情难绝，心似双丝网，中有千千结。

玩偶编织 >>

愤怒的小鸟

材料：

热熔胶棒　活动眼睛1对

白色5号线：120cm 16根

红色5号线：20cm 1根　120cm 1根　400cm 1根

黄色5号线：20cm 8根　30cm 2根

黑色6号线：30cm 1根

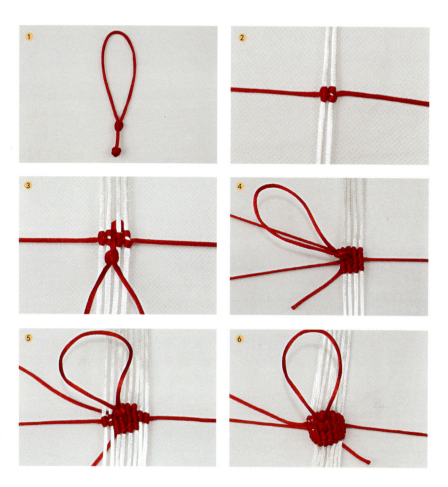

1. 取 1 根 20cm 长的红色 5 号线如图编 2 个双联结做挂线，两结距离约 2cm。

2 ~ 3. 取 1 根 120cm 长的白色 5 号线为轴线，取 1 根 120cm 长的红色 5 号线为头部轮廓线编斜卷结，编 2 根后加入挂线，再加 2 根白色 5 号线的轴线编斜卷结。

4. 另取 1 根 400cm 长的红色 5 号线为绕线编 1 圈斜卷结，注意：红色轮廓线不要编进去。

5. 头部轮廓线两边各加 2 根轴线编 1 层斜卷结。

6. 头部绕线继续绕编 1 圈斜卷结，轮廓线不要编进去。

7 ~ 8. 重复 4、5 步骤。

9. 头部轮廓线两边各加 1 根轴线编 1 层斜卷结。

10. 头部绕线继续绕编 1 圈斜卷结，轮廓线不要编进去。

11. 重复步骤 7、8。

12. 第 6 层开始不再加轴线，头部绕线继续编斜卷结，并将红色头部轮廓线做轴线绕编进去，共编 2 层。

13. 将两边头部轮廓线放里面不编。

14 ~ 16. 将侧面 2 根相邻轴线并成 1 根绕编 1 圈。

17. 如图位置放入 8 根 20cm 长的黄色 5 号线做嘴巴。

18 ~ 19. 以红色绕线为轴，白色轴线为绕线编斜卷结，每隔 3 根收 1 根。

20. 嘴巴用 1 根 30cm 长的黄色 5 号线绕编 1 圈，第 2 圈下嘴唇中间减 1 根轴线，然后相邻两轴线相交编 1 根斜卷结。

21 ~ 22. 上嘴唇编 2 圈后如图减 2 根轴线，同下嘴唇做法相同。

23. 上嘴唇编 2 圈后如图减 2 根轴线，同下嘴唇做法相同。

24. 剪去余线，烧黏。

25. 用 1 根 30cm 长的黑色 6 号线编 8 层双平结做眉毛。

26 ~ 27. 用热熔胶粘上眉毛和活动眼睛，愤怒的小鸟就完成了。

机器猫 ● ● ● ● ● ●

材料:

活动眼睛1对

小铃铛1个　热熔胶棒

白色玉线：100cm 15 根　　200cm 1 根　　20cm 12 根

红色玉线：20cm 1 根

蓝色玉线：120cm 18 根　　200cm 1 根

黑色玉线：20cm 4 根

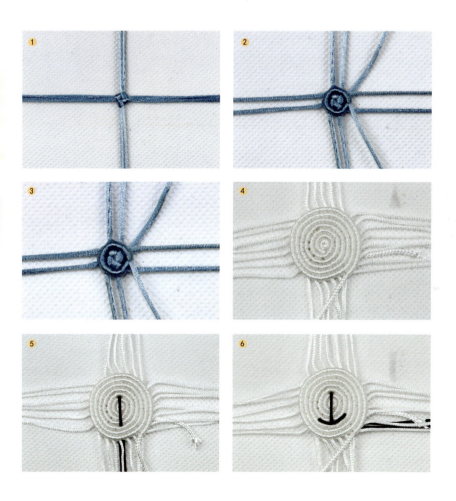

制作过程

　　1. 取 4 根 100cm 长的白色玉线编 1 个吉祥结。（因为拍摄效果原因，所以取蓝色线代替）

　　2. 另取 1 根 200cm 长的白色玉线做轴线，其余为绕线编 1 层斜卷结。

　　3 ~ 4. 从第 2 圈开始每 1 圈分别加 4 根 100cm 长的白色玉线做绕线，共编 6 圈。

　　5 ~ 6. 如图位置加入 1 根 20cm 长的黑色玉线（同一型号）。

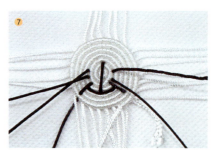

7. 如图位置加入 3 根 20cm 长的黑色玉线做机器猫的胡须。

8. 另取 1 根 20cm 长的红色玉线编 1 个纽扣结做鼻子。

9. 第 7 圈开始将白色绕线换成蓝色，并且每隔 4 根线加 1 根绕线。

10. 继续再编 3 到 4 圈后开始减轴线，减线方式如同加线一样，头部塞入棉花整形。

11. 最后余线收完塞进去。

12. 如图勾入 14 根线做身体。

13. 另取 1 根 200cm 长的蓝色玉线为轴线，其余为绕线编 1 圈斜卷结。

14 ~ 16. 第 2 圈编完后加入胳膊线。并且身体前后每层各加 2 根 120cm 长的蓝色玉线和 100cm 长的白色玉线。

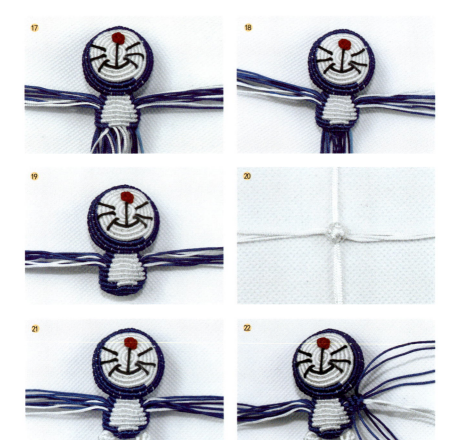

17. 第 7 层开始每隔 5 根线减 1 根线。

18. 第 8、9 层每隔 3 根减 1 根线。

19. 然后每隔 2 根线收 1 根，直至完成。

20 ~ 21. 取 4 根 20cm 长的白色玉线编 3 到 4 层吉祥结，用热熔胶粘上做机器猫的脚。

22. 先用蓝色玉线编 3 层吉祥结编机器猫的胳膊，并将 4 根白线放在中间。

23．将蓝色余线剪断烧黏。

24．白线编 2 层吉祥结，剪断余线烧黏，胳膊完成。

25．用同样方法编另一条胳膊。

26 ～ 27．取 1 根红线穿上小铃铛系在机器猫的脖子上。用热熔胶粘上活动眼睛，完成。

小老鼠 ⋯⋯⋯

材料：

活动眼睛 1 对

红色玉线：70cm 6 根　120cm 11 根　300cm 1 根　140cm 9 根

白色玉线：70cm 6 根　15cm 2 根　50cm 3 根

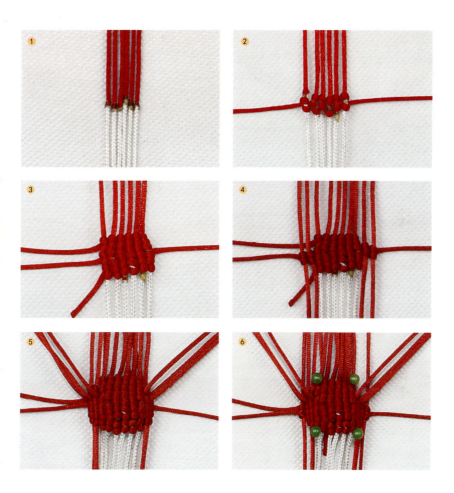

制作过程

1. 取 70cm 长的红色玉线和白色玉线各 6 根烧黏接上。

2. 另取 1 根 120cm 长的红色玉线做头部轮廓绕线，其余 6 根（指第一步中黏接好的 6 根线）为轴线编 1 圈斜卷结。

3. 另取 1 根 300cm 长的红色玉线为头部绕线绕编 1 圈，注意红色头部轮廓线不要绕编进去。

4. 头部轮廓线两边各加 2 根 140cm 长的红色玉线编 1 层斜卷结。

5. 头部绕线继续绕编 1 圈斜卷结，并加上 1 根 140cm 长的红色玉线。

6. 头部轮廓线两边各加 1 根 140cm 长的红色玉线编 1 层斜卷结，并且在珠针位置加上 2 根 140cm 长的红色玉线。

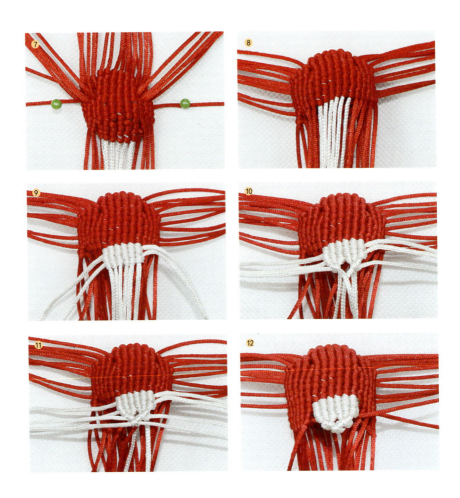

7. 将珠针指示的线绕编进去。

8. 头部绕线继续绕编第 4、5、6 圈。

9. 编上嘴唇，取 2 根 15cm 长的白色玉线，分别绕编到 6 根白色轴线上。

10 ~ 12. 再编 3 个结点，剪掉余线烧黏。头部绕线绕编第 7 圈，到嘴唇处从下面经过。

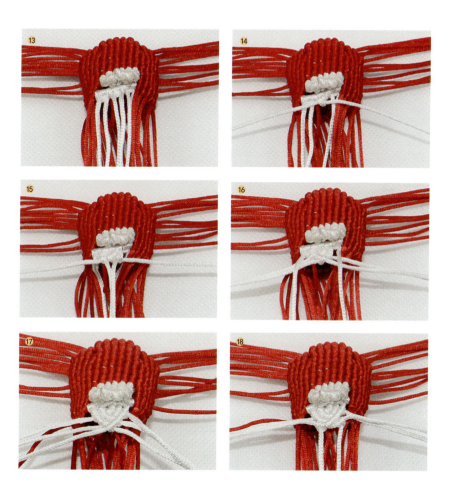

13. 头部绕线绕编第 8 圈，到嘴唇处绕线当轴线，取 3 根 50cm 长的白色玉线以雀头结方式挂上去。继续编完第 8 圈。

14 ~ 18. 编下嘴唇。编第 9 圈到下颚，从下面过去。

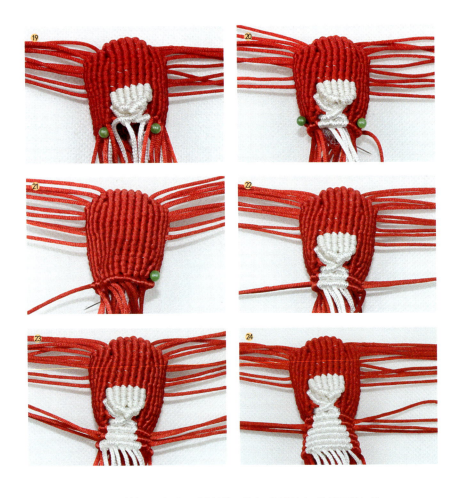

19. 第 10 圈，珠针所示和后面对应的线不编（不要剪掉）。注意耳朵加线。

20~21. 编身体，头部轴线变成绕线，绕线变成轴线，珠针所示位置前后各丢下 2 根线不编。前面肚子处将下颚 4 根余线绕编上去，边上 2 根不编。

22. 第 2 圈，两侧各拉出 2 根 140cm 长的红色玉线，留着编胳膊。前面肚子处两边将另外 2 根白色下颚余线绕编上去，身体后面加 2 根 140cm 长的红色玉线。

23. 重复步骤 15。

24. 继续编 4、5、6 圈，不加减线。

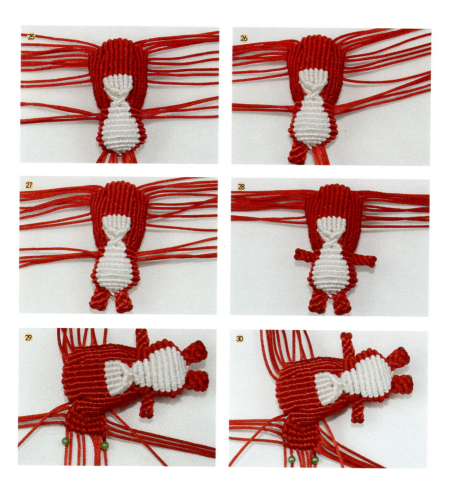

25. 第 7 圈开始缩小，每隔 5 根线收 1 根线，8、9、10 圈每 4 根线收 1 根，最后余线塞进肚子，并留出编腿的线。

26 ~ 27. 腿部 8 根线编 7、8 层吉祥结，剪掉余线烧黏。

28. 胳膊各编 10 层吉祥结，剪掉余线烧黏。

29 ~ 30. 编耳朵。另取 3 根 120cm 的红色玉线以反斜卷结绕编在 8 根耳朵主线上。左右各留 1 根不编。编第 4、5 层时珠针所示的线不编。

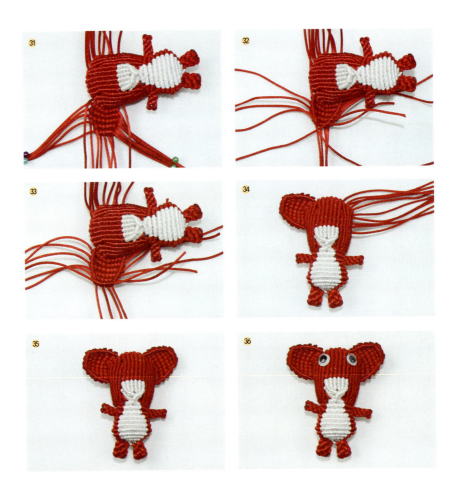

31 ~ 32. 最开始余下的线做轴线编斜卷结。

33 ~ 34. 结尾处两轴线交叉合并，剩下 4 根线绕编上去，拉紧两轴线。剪掉余线烧黏。

35. 用同样方法编出另 1 只耳朵。

36. 粘上活动眼睛，作品完成。

米菲兔 ::::::

材料：

棕色玉线：100cm 12 根　20cm 12 根　10cm 14 根

深红色玉线：100cm 14 根　20cm 4 根

紫色玉线：200cm 1 根

黑色嘴巴线：长度适宜即可

1~3. 取 4 根 100cm 长的棕色玉线编 1 个吉祥结，另取 1 根 200cm 长的紫色玉线做轴编 1 层斜卷结。这一层两边需要各加 1 根 20cm 长的棕色玉线编耳朵。

4~7. 第 2 层，编 2 根线加 1 根线。将耳朵线另一头拉出。

8. 第3层，编3根线加1根线。继续加耳朵线（红色珠针所示）。

9~11. 第4层，编4根线加1根线，将耳朵线另一头拉出。

12. 第5层，编5根线加1根线。

13. 第6层，脸部左右各加1根线。

14. 不加减线编到第9层，编第10层时加入黑色嘴巴线。

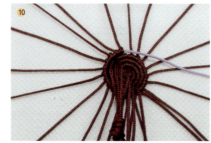

15~16. 11 层把嘴巴线交叉编进去。

17~18. 12 层两边各收 1 根线。

19~20. 13 层编 5 根收 1 根，14 层编 4 根收 1 根。

21~22. 完成后将头部塞入棉花撑形。

23~24. 编身体，将绕线换成 100cm 长的深红色玉线。

25~26. 编第 2 层时两侧加入胳膊线，身体前后各加 2 根线。

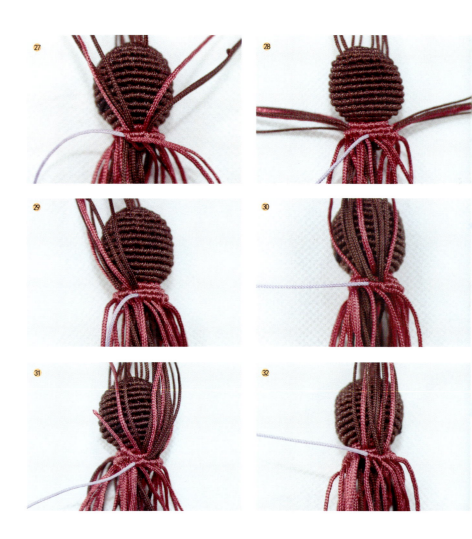

27. 编第 2 层时两侧加入胳膊线，身体前后各加 2 根线。

28~32. 编第 3 层时两侧继续加入胳膊线，身体前后各加 2 根线。

33. 编第 3 层时两侧继续加入胳膊线，身体前后各加 2 根线。

34. 第 4 层身体前后各加 2 根线。

35. 不加减线编到第 7 层。

36. 第 8 层开始收小，将收掉的线剪断。

37~38. 第 9 层编 5 根收 1 根，第 10 层编 4 根收 1 根，并加入 1 根 20cm 长的棕色玉线编腿部线。

39~40. 11 层编 3 根收 1 根，继续加腿部线。身体收紧后将余线塞进身体。

41~43. 编腿。腿部编 4 到 5 层吉祥结，然后剪掉余线烧黏。用同样方法编出另外一条腿。

44~45. 编胳膊。先用 20cm 长的深红色玉线编吉祥结，将 4 根棕色玉线编在中间。编 4 层剪掉余线烧黏。

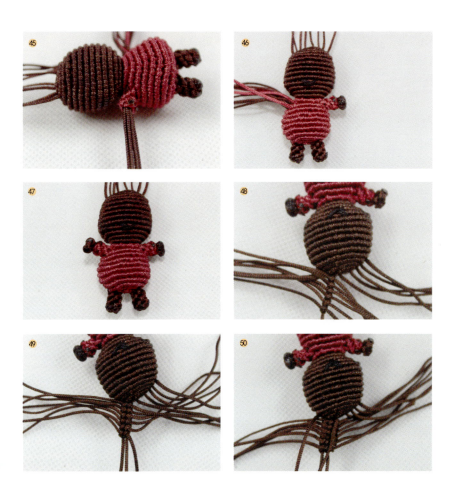

46. 包在里面的棕色线编 2 层吉祥结，剪掉余线烧黏。

47. 用同样方法编出另一条胳膊。

48~49. 取 6 根 10cm 长的棕色玉线做轴，里面的 2 根耳朵线做绕线，编 2 圈反斜卷结。

50. 将剩下的 2 根耳朵线往下拉做轴编 1 层斜卷结。

51. 将剩下的 2 根耳朵线往下拉做轴编 1 层斜卷结。

52~53. 两轴线交叉合并，编 2 个斜卷结并拉紧轴线。剪断余线烧黏。

54. 用同样方法做出另一只耳朵。

55~56. 用剩下的黑色线头烧黏粘在眼睛的位置，然后剪断用打火机烧融做眼睛。作品完成。

派皮猪 ·······

材料:

热熔胶棒

橙色 5 号线：160cm 12 根　20cm 12 根

黑色 5 号线：20cm 1 根　30cm 1 根

粉红色 5 号线：160cm 12 根

深红色 5 号线：80cm 4 根

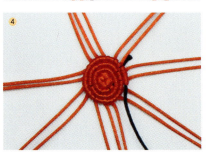

制作
过程

1. 取 4 根 160cm 长的橙色 5 号线编 1 个吉祥结。

2. 取 1 根 20cm 长的黑色 5 号线做轴线，其余 8 根为绕线编 1 层斜卷结。

3. 第 2 层每隔 2 根线加 1 根线，继续绕编。

4. 第 3 层每隔 3 根线加 1 根线，继续绕编。

5. 第 4 层每隔 4 根线加 1 根线，继续绕编。

6. 第 5 层每隔 5 根线加 1 根线，继续绕编。

7. 两侧各加 4 根耳朵线。

8. 继续编 6、7、8、9 层，不加减线，并如图加入 1 根 30cm 长的黑色 5 号线用于勾勒五官。

9. 第 10 圈开始每层收 4 根线，编至第 12 层。

10. 13 层不加不减线。

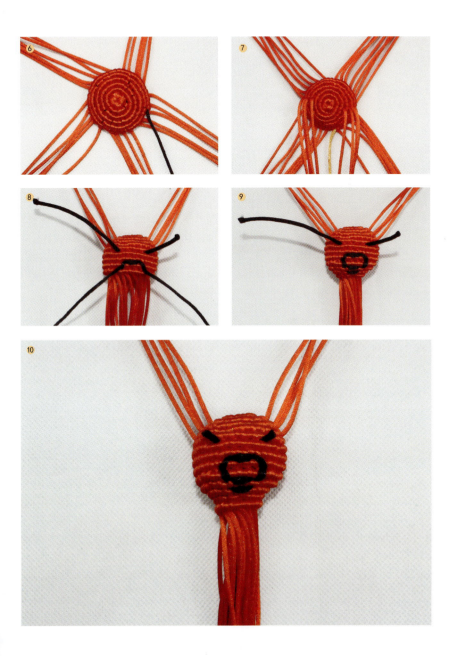

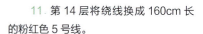

11. 第 14 层将绕线换成 160cm 长的粉红色 5 号线。

12. 15 层两侧加入胳膊线，并在身体前后各加 2 根 80cm 长的深红色 5 号线绕线。

13. 重复步骤 12。

14 ~ 17. 身体前后再各加 1 根 80cm 长的深红色 5 号线绕线（加线方法对折）。

18. 再继续编 3 圈，不加减线。

19 ~ 20. 身体开始收小，方法同老鼠收尾一样。

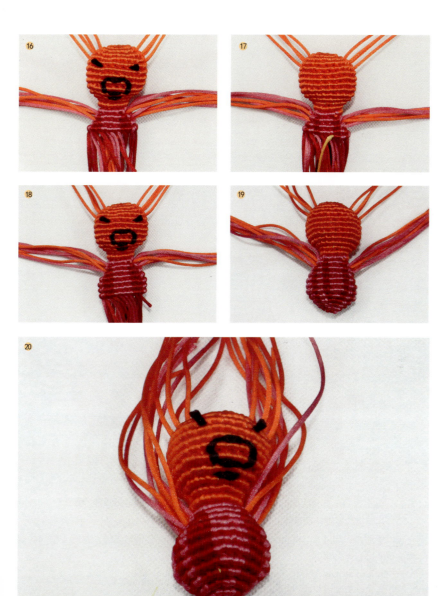

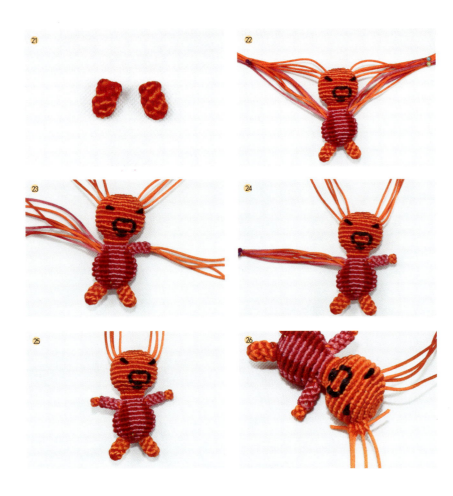

21. 取 4 根 20cm 长的橙色 5 号线编 8 层吉祥结，剪掉余线烧黏做脚，编 2 个。

22. 用热熔胶将腿粘在身体上。

23. 编胳膊，用 4 根 160cm 长的粉红色 5 号线编 8~10 层斜卷结，并把 4 根同头部一样颜色的线编在中间。

24. 再编 2 层吉祥结，剪掉余线烧黏。胳膊完成。

25. 用同样方法做出另一条胳膊。

26. 编耳朵。取 1 根 20cm 长的橙色 5 号线绕编在 4 根轴线上。中间是反斜卷结。

27. 相邻两根轴线交叉编结。

28. 左右边上 2 条轴线继续做轴，继续编斜卷结。

29. 剪去余线烧黏。

30. 用同样方法做出另外一只耳朵。

31. 如图用 1 根 20cm 长的黑色 5 号线烧出眼睛和鼻孔。作品完成。

人偶小公主

材料:

软陶人偶头像 1 个

黑色小珠子 2 颗

紫色玉线：50cm 8 根

白色玉线：40cm 2 根

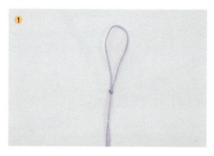

制作过程

1. 取 1 根 50cm 长的紫色玉线编 1 个双联结。

2. 将软陶人偶头像穿好。

3. 取 2 根 40cm 长的白色玉线编 2 层吉祥结做脖子，主线放在中间。

4. 另取 4 根 50cm 长的紫色玉线编 2 层吉祥结做身体，编第 1 层时将编脖子的白色玉线从两侧拉出做胳膊。

5. 身体继续编 2 层吉祥结。

6. 另取 3 根 50cm 长的紫色玉线，连同穿头像的主线编 1 层吉祥结，即每边 3 根线。

7. 拉出 1 根线做轴线，其余的做绕线编 1 圈斜卷结。

8~9. 每 2 根线离上面 3cm 处编 1 个双联结，剪掉余线烧黏。

10. 胳膊流线各穿上 1 颗黑色小珠子，并编双联结固定，剪掉余线烧黏，作品完成。

撒娇兔 ·······

材料:

红色 5 号线：100cm 21 根　150cm 1 根

粉色 5 号线：120cm 1 根　300cm 1 根　20cm 14 根

白色 5 号线：20cm 4 根

红色 5 号线：20cm 2 根

黑色 6 号线：20cm 1 根

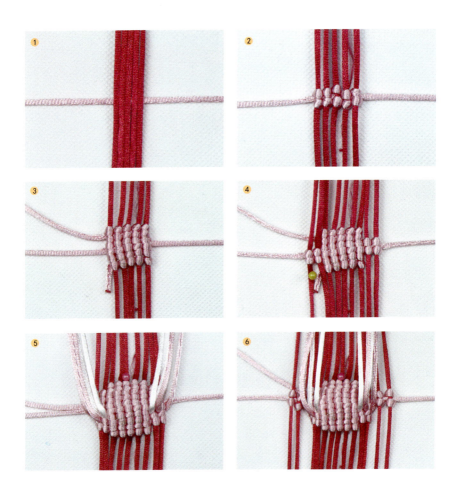

1～2. 取 5 根 100cm 长的红色 5 号线做轴线，取 1 根 120cm 长的粉色 5 号线做头部轮廓线，编 1 圈斜卷结。

3. 取 1 根 300cm 长的粉色 5 号线为头部绕线绕编 1 圈，另外加 2 根 20cm 长的粉色 5 号线做耳朵线，注意红色头部轮廓线不要绕编进去。

4～5. 头部轮廓线两边各加 2 根 20cm 长的白色 5 号线做轴线，头部绕线继续绕编 1 圈斜卷结，黄色珠针指示处加上耳朵线。

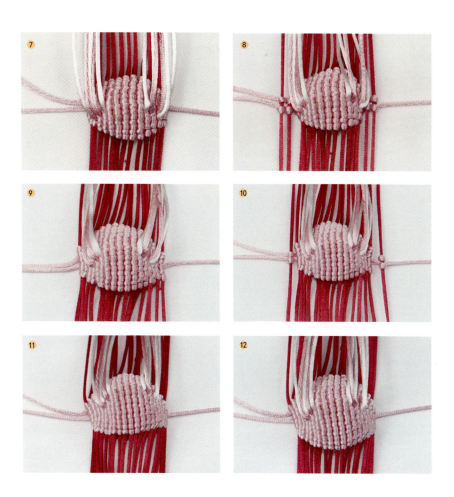

6 ~ 9. 重复步骤 3。

10~11. 头部轮廓线两边各加 1 根轴线，头部绕线继续绕编 1 圈斜卷结。

12. 加入 12 根 20cm 长的粉色 5 号线编腿。

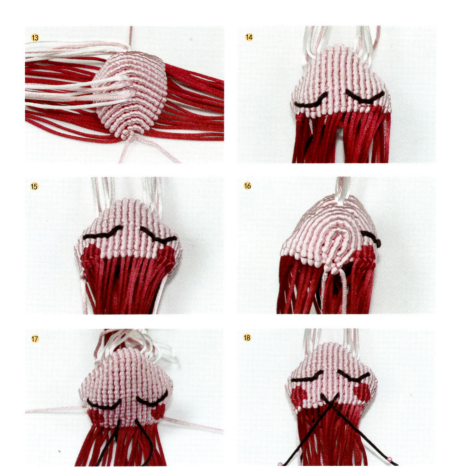

13. 开始将头部轮廓线绕编进去，不加不减线编 2 圈。

14. 如图用 20cm 长的黑色 6 号线勾出眼睛。

15. 如图绕线加入 2 根 20cm 长的红色 5 号线做腮红。

16. 头部开始收小，两侧头部轮廓线相邻左右 2 根线收掉不编。

17. 如图完成腮红，并用勾眼睛所余下的 20cm 长的黑色 6 号线做嘴巴。

18. 将嘴巴线交叉。

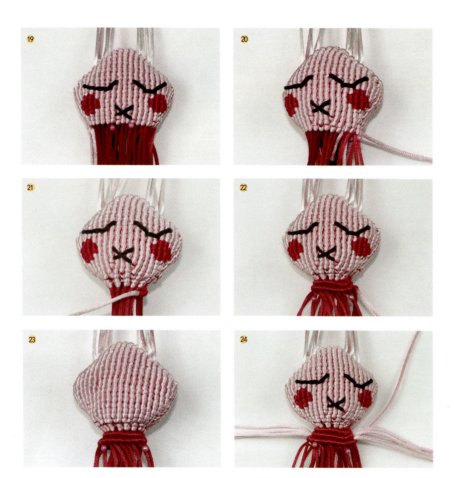

19. 继续绕编 1 圈，两侧头部轮廓线相邻左右 2 根线收掉不编。

20 ~ 21. 上图珠针指示的 2 根线，收掉不编。头部轮廓线收掉，头部轴线两两合并做轴，继续绕编 1 圈。

22 ~ 23. 编脖子。另取 1 根 150cm 长的红色 5 号线做轴线，剩余头部轴线做绕线编 2 层，在珠针指示处加上胳膊线，身体前后各加 2 根线。

24. 第 3、4 层珠针处前后各加 2 根线。

25. 第3、4层珠针处前后各加2根线。

26. 胳膊线如图加入。

27. 继续编5、6、7层，不加减线。

28. 第8层开始是收小，每5根收1根，并开始加腿部线。

29. 第9、10、11层每隔3根收1根，余线塞进身体里。

30. 腿部编4、5层吉祥结，然后剪掉余线烧黏。

31. 腿部编 4、5 层吉祥结，然后剪掉余线烧黏。

32. 胳膊编 6、7 层吉祥结，然后剪掉余线烧黏。

33. 编耳朵。取 1 根 20cm 长的白色 5 号线做轴线，编 1 层斜卷结，注意最外边的左右 2 根线不编。

34. 第 2 层加 1 根粉色绕线。

35. 第 3 层加 1 根粉色绕线。

36. 继续编 4、5、6、7、8、9 层，不加减线。

37. 10、11、12 每层收掉 1 根粉色 5 号绕线。

38 ~ 39. 之前留下的 2 根耳朵线做轴线，压在下面的做绕线编 1 层斜卷结。注意最后 2 根白色 5 号线不动。

40~41. 两轴线交叉合并做轴，剩下 2 根绕线编 1 层斜卷结，拉紧轴线。剪掉余线烧黏。

42. 用同样方法做出另一只耳朵，作品完成。

圣诞老人 ⬩⬩⬩⬩⬩⬩⬩

材料:

活动眼睛 1 对　热熔胶棒

红色 5 号线：300cm 1 根　50cm 1 根　20cm 12 根

白色 5 号线：100cm 7 根

粉色 5 号线：50cm 2 根　25cm 1 根

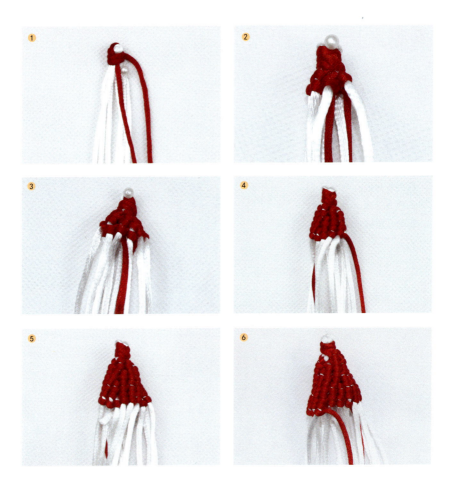

1. 编帽子。取 3 根 100cm 长的白色 5 号线对折，另取 1 根 300cm 长的红色 5 号线以索线结方式如图系紧。

2. 白色线做轴，红色线为绕线绕编 1 圈。

3. 第 2 圈，每隔 2 根线加 1 根线。

4. 第 3 圈，每隔 2~3 根线加 1 根线。

5. 第 4 圈，每隔 2~3 根线加 1 根线。

6. 第 5 圈，不加减线。

7. 将红色绕线当轴线，白色轴线做绕线，编 1 层斜卷结。

8. 脸部取 1 根 50cm 长的粉色 5 号线绕编 1 圈。

9. 第 2 层取 1 根 25cm 长的粉色 5 号线绕编 9 根轴线。

10~11. 第 3 层两边各丢 1 根，取 1 根 50cm 长的粉色 5 号线绕编 7 根轴线，再将余线做轴编 1 层斜卷结。

12. 编身体。取 1 根 50cm 长的红色 5 号线将第 1 层剩下的轴线绕编 1 圈。

13~14. 第 2 圈，将所有轴线绕编 1 圈。注意前面正中间的 1 根白色轴线做绕线编 1 个反斜卷结，往下每圈到这里都这样编。

15. 第 3 圈，身体两侧各加 1 根轴线，并加入 2 根胳膊线。

16. 第 4 圈，身体后面各加 1 根轴线，并加入 2 根胳膊线（每个胳膊 4 根线）。

17. 继续编第 5、6 圈，不加减线。

18. 反过来将红色绕线当轴线，白色轴线做绕线，编 1 层斜卷结。

19. 身体内塞入棉花整形，将底部收小。（可参考前面动物身体底部做法）

20~21. 胳膊编 7 或 8 层吉祥结，剪掉余线烧黏。

22. 用同样方法编另一条胳膊。

23. 用 4 根 20cm 长的红色 5 号线编 4 层吉祥结，剪掉余线烧黏，共编 2 个。

24. 将编好的 2 个吉祥结用热熔胶粘在身体底部做脚。

25. 粘上 1 对活动眼睛。

26. 取 1 根 20cm 长的红色 5 号线做嘴巴。

27. 取 2 根 100cm 长的白色 5 号线打散粘在嘴上做圣诞老人的胡须，作品完成。

狮子 :::::::

材料:

黑色纽扣 2 颗　热熔胶棒

橙色 5 号线：80cm 12 根

褐色 5 号线：10cm 1 根　60cm 1 根

黑色 5 号线：150cm 1 根　20cm 2 根

制作过程

1. 取 1 根 10cm 长的褐色 5 号线编 1 根纽扣结做鼻子备用。

2. 用 2 根 20cm 长的黑色 5 号线编 2 个纽扣结，剪掉余线烧黏，备用。

3. 取 4 根 80cm 长的橙色 5 号线编 1 个吉祥结。

4. 另取 1 根 150cm 长的黑色 5 号线做轴，编 1 层斜卷结。

5. 第 2 层，每隔 2 根线加 1 根线。

6. 第 3 层，每隔 3 根线加 1 根线。

7. 以此类推到第 5 圈，共 24 根线。

8. 将之前编好的褐色纽扣结如图勾好。

9. 狮子的脸部如图塞入几根线头，并剪断烧黏。

10. 第 6 圈，不加不减线，同时加入耳朵线。

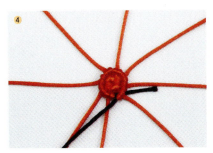

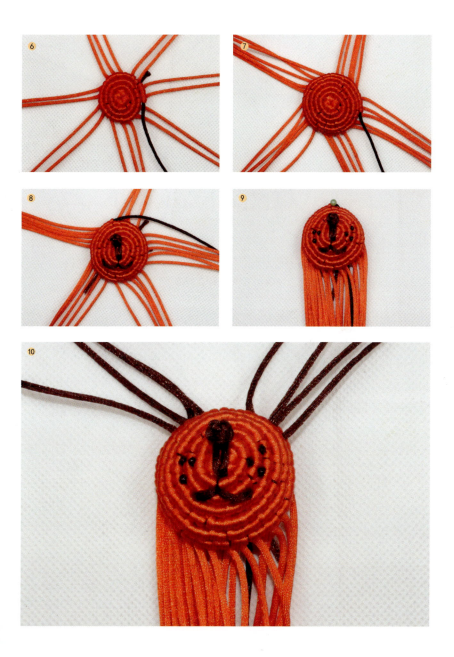

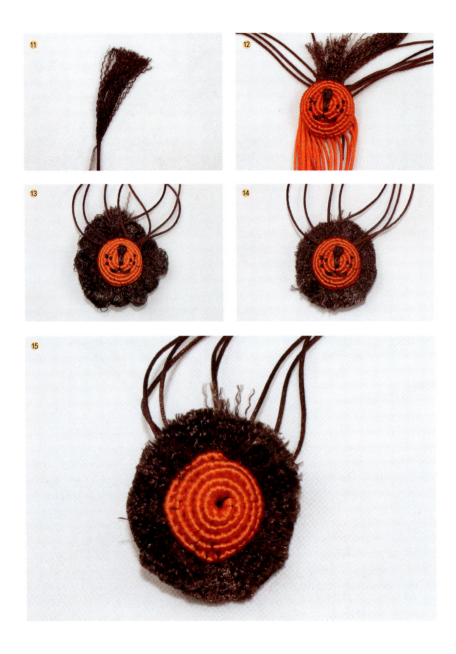

11~13. 另取 1 根 60cm 长的褐色 5 号线，将线打散。在编第 7 圈时加入做狮子的鬃毛。

14. 修剪狮子的鬃毛。

15. 从第 8 圈开始每圈收 4 根线，最后余线塞进去。

16. 编耳朵。中间 2 根线互编斜卷结。

17. 边上 2 根线做轴，绕 1 个斜卷结。

18. 两轴线交叉打结，剪掉余线烧黏。

19. 用同样方法做另一个耳朵。

20. 粘上之前编好的 2 个黑色纽扣结做眼睛，完成。

太阳花 ::::::

材料:

活动眼睛 1 对　热熔胶棒

棕色 5 号线：100cm 10 根　50cm 2 根

黑色 5 号线：150cm 1 根

红色 5 号线：50cm 1 根

黄色 5 号线：50cm 1 根

绿色 5 号线：50cm 2 根　20cm 4 根

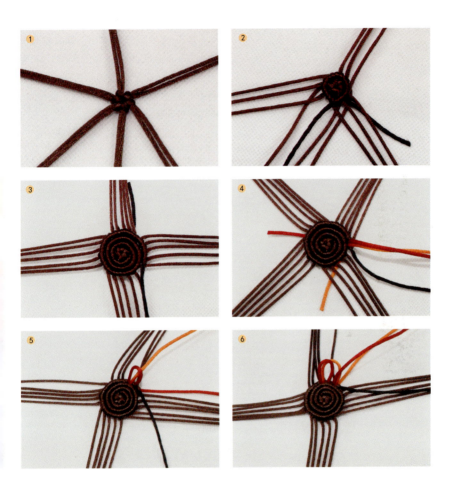

制作过程

1. 取 6 根 100cm 长的棕色 5 号线以六耳团锦结的方式组合。

2. 另取 1 根 150cm 长的黑色 5 号线做轴，编 1 层斜卷结，轴线编 3 根丢 1 根，共挂上 9 根线。

3. 继续编斜卷结，第 2 层每编 3 根线加 1 根，第 3 层每编 2 根线加 1 根。

4~7. 第 4 层不加不减线，同时另取 50cm 长的红色 5 号线、黄色 5 号线各 1 根，如图编进去做花瓣。

8~9. 第 5 层开始收小，每层收 4 根线，另取 2 根 50cm 长的棕色 5 号线对折穿出。 10~11. 花茎编约 10 层吉祥结，然后剪掉余线烧黏。 12. 编叶子。取 2 根 50cm 长的绿色 5 号线编 1 根吉祥结。 13. 另取 4 根 20cm 长的绿色 5 号线编 2 层斜卷结。

14~16. 将最上面 2 根绕线往下来，继续编斜卷结，以此类推。最后剪掉余线烧黏。

17. 用同样方法做出另一片叶子。

18. 将编号的叶子和花茎用热熔胶粘上。

19. 粘上活动眼睛、嘴巴，作品完成。

天鹅

材料：

活动眼睛 1 对

细铁丝 20cm

白色 5 号线：200cm 5 根　150cm 1 根

粉红色 5 号线：200cm 5 根　150cm 3 根

红色 7 号线：20cm 1 根　10cm 1 根

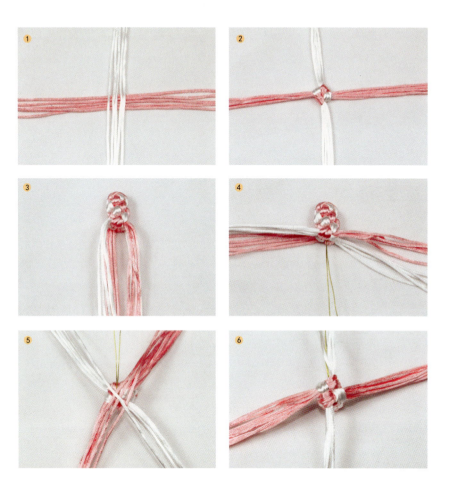

制作
过程

1~2. 取 200cm 长的白色和粉红色 5 号线各 5 根，编吉祥结。

3~4. 编至第 4 层时中间加入细铁丝。

5~6. 如图加入 1 根 150cm 长的白色 5 号线，3 根 150cm 长的粉红色 5 号线，继续编 1 层吉祥结。注意铁丝位置。

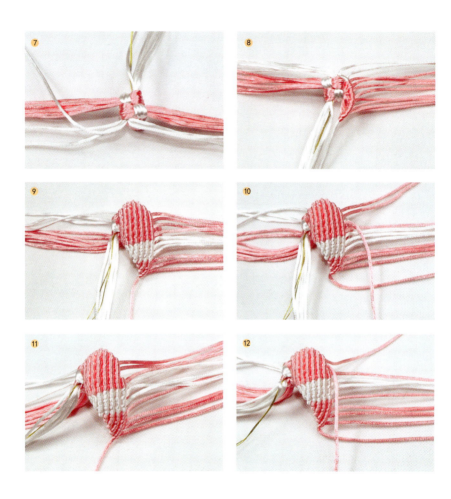

7~8. 如图最上面 1 根白色线做轴，编 1 层斜卷结。

9. 继续以最上面 1 根线为轴线编斜卷结，共编 7 层。

10~11. 从上边数第 3 根线为轴线，压在下面的余线为绕线编 1 层斜卷结。

12. 从上边数第 2 根线为轴线，压在下面的余线为绕线编 1 层斜卷结。

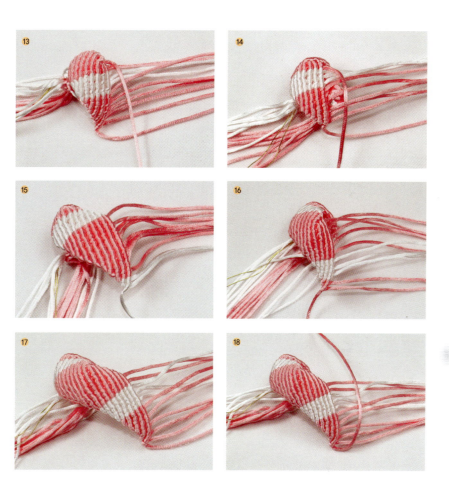

13. 从上边数第 1 根线为轴线，压在下面的余线为绕线编 1 层斜卷结。

14~15. 继续以最上面 1 根线为轴线，压在下面的线为绕线编斜卷结，共编 7 层。

16. 重复步骤 6、7、8。

17. 继续以最上面 1 根线为轴线，压在下面的线为绕线编斜卷结，再编 3 层。

18. 将轴线往上拉继续做轴，编 1 层斜卷结，剪掉余线烧黏。

19～20. 将轴线往上拉继续做轴，编1层斜卷结，剪掉余线烧黏。

21. 用同样方法编好另1支翅膀。

22~23. 开始编脖子。编六线吉祥结，将铁丝包在里面。

24. 编至2cm长时，中间加几根轴线使脖子加粗。

25~26. 继续再编 2cm，逐渐剪掉轴线和 2 条编线。

27. 编天鹅的头，加 2 根线，继续编吉祥结。

28~29. 编 2 层时将铁丝留出继续编 2 层吉祥结，最后 1 层剪掉 4 根线。

30. 剪掉中间余线再编 1 层吉祥结。

31. 剪掉余线烧黏。

32~33. 编天鹅的嘴。另取 1 根 10cm 长的红色 7 号线，在铁丝上编 4 层双平结，剪掉余线烧黏。

34. 编天鹅的冠。另取 1 根 20cm 长的红色 7 号线从顶穿过，如图编云雀结。

35. 编至合适长度，将余线剪短塞进去。

36. 粘上活动眼睛，作品完成。

跳舞的小精灵 ::::::

材料:

白色木珠 1 颗　定型胶

黑色 5 号线：10cm 1 根

枚红色 5 号线：20cm 1 根　10cm 1 根

橙色 5 号线：10cm 1 根

红色 5 号线：10cm 1 根

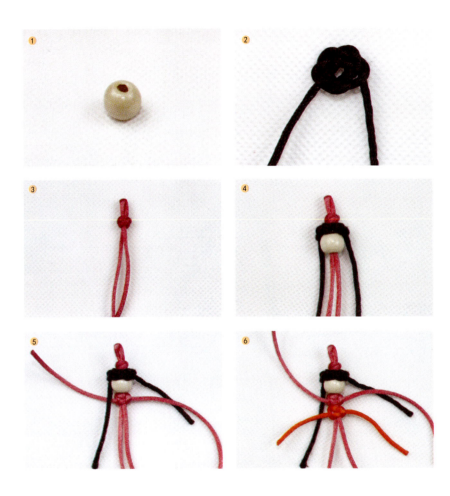

1. 白色木珠 1 颗备用。

2. 用 1 根 10cm 长的黑色 5 号线编 1 个梅花结做头发。

3. 取 1 根 20cm 长的枚红色 5 号线编 1 个双联结。

4. 将编好的梅花结和木珠如图穿上。

5~6. 另取玫红色 5 号线 10cm、橙色 5 号线 10cm、红色 5 号线 10cm 各 1 根编 1 层双平结。

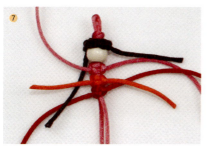

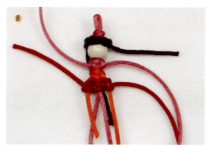

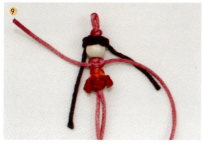

7. 另取 3 根线头各编 1 层双平结。

8. 将橙色 5 号线往下拉做轴，两边各编 1 个斜卷结。

9. 将橙色 5 号线和红色 5 号线余线剪掉烧黏。

10. 将余线剪到合适长度。

11. 将小精灵摆好造型，喷上定型胶定型。

12. 在小木珠上画上眼睛、嘴巴，1 个简单可爱的小精灵就完成了。

豌豆射手 ┈┈┈┈┈

材料：

细铁丝 10cm　热熔胶棒　黑色线头少许

绿色 5 号线：60cm8 根　20cm13 根　50cm4 根

制作
过程

1. 如图用 1 根 20cm 长的绿色 5 号线编八字结。

2. 另取 2 根 60cm 长的绿色 5 号线编 1 层吉祥结，将八字结余线放入中间。

3. 再取 1 根 60cm 长的绿色 5 号线做轴编 1 层斜卷结。

4. 第 2 层，每编 2 根线加 1 根线。

5. 第 3 层，每编 3 根线加 1 根线。

6. 第 4 层，每编 4 根线加 1 根线。

7. 第 5、6 层不加减线。

8. 第 7 层开始收线，编 4 根收 1 根。

9. 第 8 层，编 3 根收 1 根。

10. 第 9 层，不加减线。

11. 第 10 层，每编 2 根线加 1 根线。

12. 剪掉余线烧黏。

13. 取 4 根 50cm 长的绿色 5 号线编 16 层吉祥结，中间需加铁丝。

14. 如图加 3 根绕线编 2 层斜卷结。

15. 两轴线交叉编结。

16. 将最上面左右绕线往下拉做轴编 1 层斜卷结。

17~18. 剪掉余线烧黏，并用同样方法编出另外 3 片叶子。

19. 用热熔胶将两部分粘好。

20. 取 2 根黑色线头，烧融粘在眼睛位置，并剪短用火机烧好做眼睛。

蜗牛 ·······

材料:

热熔胶棒

黄色 5 号线：30cm 6 根

紫色 5 号线：30cm 3 根

棕色 5 号线：15cm 1 根 30cm 1 根

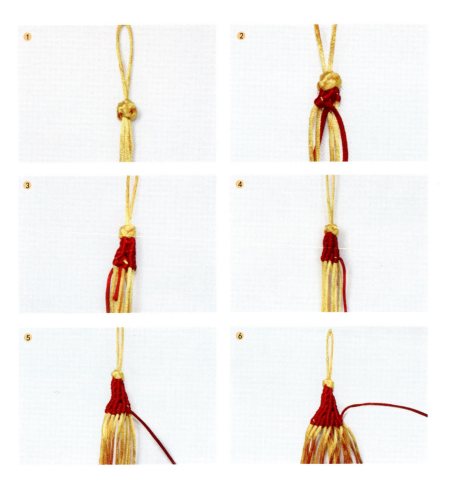

 制作过程

1. 编蜗牛的壳。取 6 根 30cm 长的黄色 5 号线以团锦结方式组合在一起。

2. 另取 1 根线做轴，下面取 9 根线做绕线编 1 层斜卷结。

3. 隔 3 根线加 1 根 30cm 长的紫色 5 号线。

4~5. 继续编 3 或 4 层，每层加 3 根线。

6. 剪掉余线烧黏。

7. 编蜗牛的身体。取 1 根 15cm 长的棕色 5 号线对折编 1 个双联结。

8~9. 另取 1 根 30cm 长的棕色 5 号线在上面编双平结，编至 4cm 左右。

10. 主线留 2cm 左右剪断烧黏，做蜗牛的触角。

11. 将蜗牛的壳和身体用热熔胶粘起来，1 个简单可爱的小蜗牛就完成了。

猴子 ······

材料：

粉色 5 号线：100cm 17 根　30cm 8 根

棕色 5 号线：120cm 12 根　50cm 2 根　200cm 2 根

白色玉线：20cm 8 根

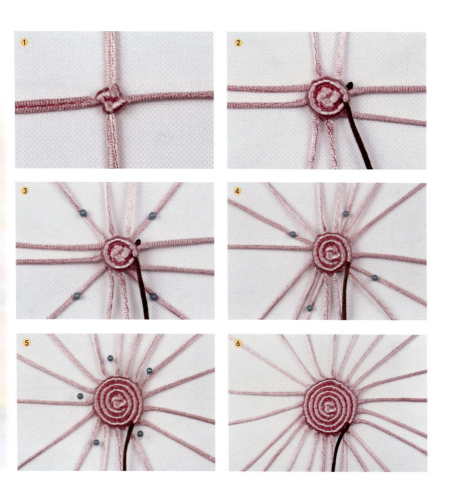

1. 编猴子的脸。取 4 根 100cm 长的粉色 5 号线编 1 层吉祥结。

2. 另取 1 根 200cm 长的棕色 5 号线做轴线，另外 8 根粉色 5 号线（4 根 100cm 长粉色 5 号线编 1 层吉祥结后有 8 个线头）为绕线编 1 层斜卷结。

3. 第 2 层，每编 2 根线加 1 根 100cm 长的粉色 5 号线，珠针所示。

4. 第 3 层，每编 3 根线加 1 根线，珠针所示。

5~6. 第 4 层，每编 3 根线加 1 根线，珠针所示。

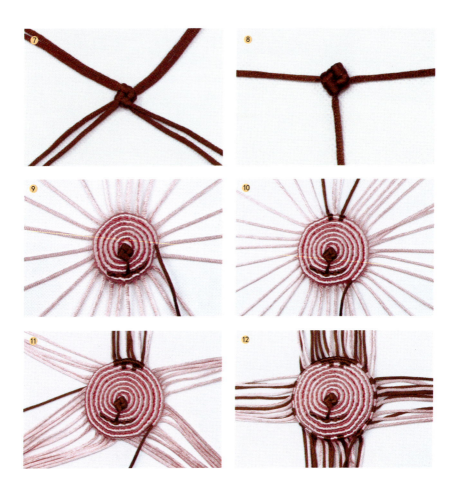

7~8. 编鼻子。取 4 根 120cm 棕色 5 号线编 1 层吉祥结，如图剪断烧黏。

9. 第 5 层，每编 4 根线加 1 根线，同时加入鼻子线和嘴巴线。

10. 第 6 层，每编 3 根线加 1 根线，并在脸部上方如图加 2 根深色线。

11. 第 7 层，不加不减线。猴子额头处 5 根绕线换成深色。

12. 第 8 层，除额头外绕线每隔 1 根换 1 根深色。

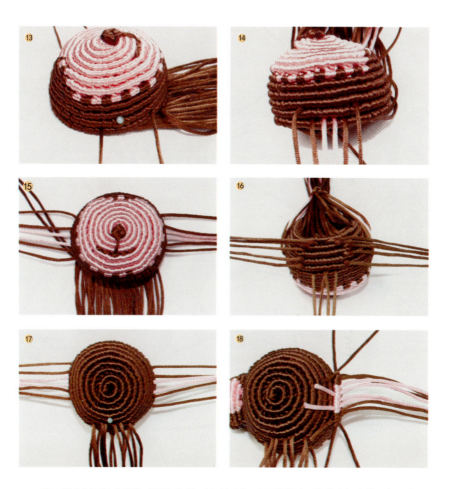

13. 第9层开始全部换成深色绕线，第10层加1根轴线（2根线合起来做1根用）。11层再加1根轴线。3根线合起来做1根用。在11层与12层之间加入2根耳朵线。

14~15. 12层与13层之间再加入4根耳朵线，两边一样。

16. 15层开始收线，每编7根收1根，往后逐渐减少，并如图勾入身体线。

17. 头部后面塞入棉花整形，并将余线逐渐收完。

18. 编耳朵。另取1根20cm长的棕色5号线做轴，并另加4根绕线，编1层斜卷结。

注意：最外面左右2根线放那不编。

19. 第2层加1根粉色绕线。

20. 第3层不加减线。第4层减2根粉色绕线。

21. 第5层，中间减1根线，并将粉色线换成深色线。

22. 第6层，两边各丢1根绕线。

23. 翻过来，将一开始丢下的2根线往下拉做轴线，压在下面的线做绕线编1层斜卷结。

24. 两轴线交叉合并做轴，剩下4根绕线编1层斜卷结，轴线往两边拉紧。

25. 两轴线交叉合并做轴,剩下4根绕线编1层斜卷结,轴线往两边拉紧。

26. 剪掉余线烧黏,并用同样方法做好另一只耳朵。

27. 编身体。另取1根200cm长的棕色5号线做轴,编1层斜卷结。

28. 第2层,在珠针位置加入4根线。

29. 第3层,在珠针位置加入6根线。身体两侧加入2根胳膊线。

30. 第4层,在珠针位置加入8根线。身体两侧加入2根胳膊线。

31. 继续编第 5、6、7 层，不加减线。第 5 层再加 2 根胳膊线。

32. 第 8、9 层，每编 5 根线收 1 根线。并如图加入腿部线。

33. 身体塞入棉花撑形，继续把底部收完，后面留 4 根尾巴线。

34~35. 编胳膊。另取 1 根 50cm 长的棕色 5 号线做绕线，编 1 层斜卷结。共编 4 层。

36. 将绕线分成 5 组做轴，编 1 圈斜卷结做手指，然后剪掉余线烧黏，并用同样方法做出另一条胳膊。

37. 编腿。另取 1 根 50cm 长的棕色 5 号线做绕线，编 1 层斜卷结。

38. 第 2 层不加减线，第 3 层编 2 根收 1 根，余线剪断烧黏，并用同样方法做出另一条腿。

39. 编眉毛。用深色线编 2 个索线结，并剪断余线烧黏。

40. 编眼睛。用白色玉线，方法参考步骤 1、2、3。编好后编 2 个黑色纽扣结粘上做眼珠。

41. 如图粘上眉毛、眼睛。可爱的小猴子就完成了。

小女王

材料：

软陶人偶头像 1 个

白色玉线：20cm 1 根

红色特细玉线：20cm 1 根

黄色流苏线：50cm 7 根

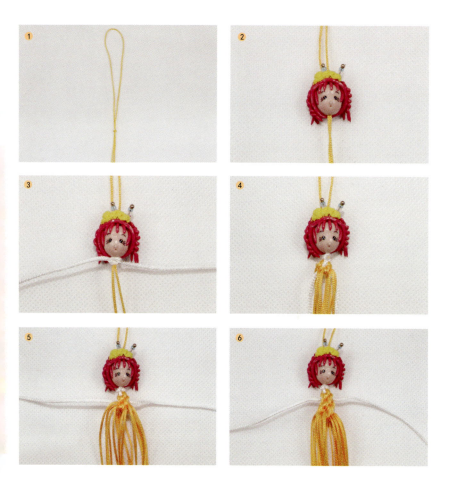

制作
过程

1~2. 用 1 根 50cm 长的黄色流苏线对折编 1 个双联结，穿入软陶人偶头像。

3. 另取 1 根 20cm 长的白色玉线编 1 个双平结做脖子。

4~6. 用 4 根 50cm 长的黄色流苏线编吉祥结做身体，往下每层每边加 1 根线。编第 2 层时将白色玉线拉出做胳膊。

7. 拉出 1 根黄色线做轴，其他线做绕线编 1 层斜卷结。

8. 将余线剪到合适长度。

9. 白色玉线在合适地方挽个结，剪断烧黏。

10. 编披风。另取 1 根 20cm 长的红色特细玉线，以雀头结方式挂在黄色流苏线上。

11. 将编好的披风修剪好给编好的小人偶披上、系好，一个可爱的小女王就完成了。

象宝宝 ::::::

材料:

黑色线头少许

黄色5号线：100cm 13 根　200cm 1 根　30cm 2 根　20cm 24 根

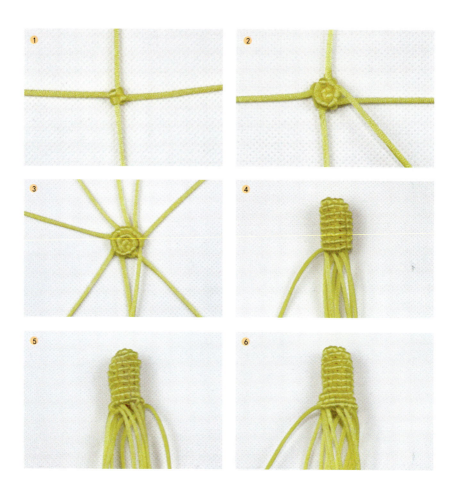

1. 编鼻子。取2根100cm长的黄色5号线编1层吉祥结。

2. 另取1根200cm长的黄色5号线做轴线，另外4根线为绕线编1层斜卷结。

3. 每编1根线加1根100cm长的黄色5号线。

4. 不加减线编到第8层。

5. 第9层加2根绕线（左右加）。

6. 第10层加2根绕线（前后加）。

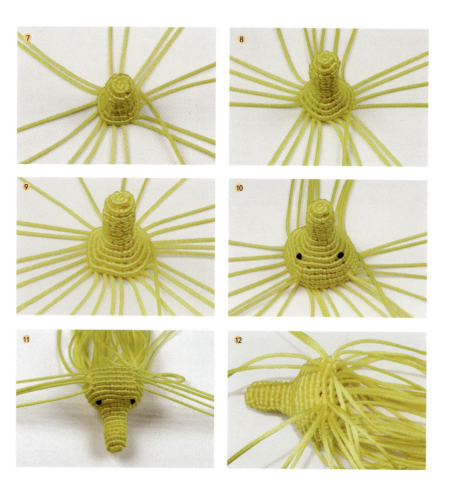

7. 第 11 层，每编 3 根线加 1 根线。

8. 第 12 层，每编 3 根线加 1 根线。

9. 第 13 层，每编 6 根线加 1 根线。

10~11. 继续编后面，不加减线。在 12、13 层之间加入黑色眼睛线剪断烧黏。15、16 层之间开始，加入耳朵线。

12. 17 层开始在肚子上加入前腿线。

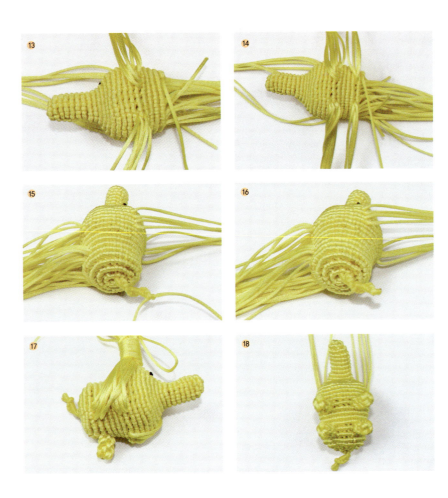

13~14 继续编 4 层后依次加入 16 根 20cm 长的黄色 5 号线编腿。

15~16 后腿线加完后开始收小。最后留 2 根线编尾巴。

17~18 腿部编 4 到 5 层吉祥结，剪掉余线烧黏。用同样方法编出另外 3 条腿。

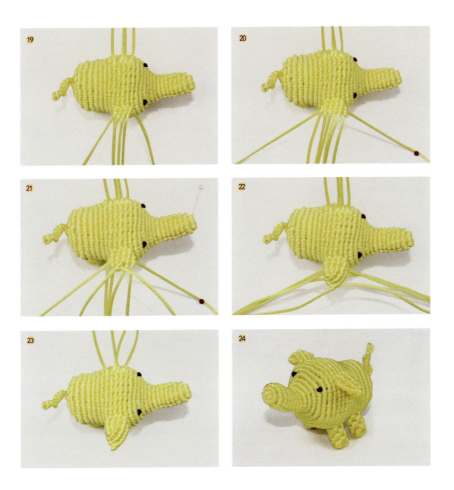

19. 编耳朵。加入 8 根 20cm 长的黄色 5 号线编耳朵，取 1 根 30cm 长的黄色 5 号线做绕线，绕编在 4 根耳朵主线上。

20. 将两边绕线往下拉做轴线，再另取 1 根 30cm 长的黄色 5 号线做绕线，绕编在 6 根耳朵主线上。

21. 中间 2 根线交叉编结。

22~23. 如图继续编斜卷结。剪断余线烧黏。

24. 用同样方法编出另一只耳朵。作品完成。

站立的小象

材料：

活动眼睛1对　热熔胶棒

绿色5号线：100cm 15根

粉红色5号线：300cm 1根　120cm 1根

黄色5号线：30cm 12根

黑色5号线：10cm 2根

白色5号线：30cm 9根　20cm 18根　50cm 1根

粉色5号线：20cm 1根

1. 取 1 根 20cm 长的粉色 5 号线如图编 2 个双联结做挂线，两结距离约 2cm。

2. 取 5 根 100cm 长的绿色 5 号线做轴线，120cm 长的粉红色 5 号线做头部轮廓线，编 1 圈斜卷结。

3. 另取 1 根 300cm 长的粉红色 5 号线为头部绕线绕编 1 圈，注意粉红色头部轮廓线不要绕编进去。

4~5. 头部轮廓线两边各加 2 根轴线，头部绕线继续绕编 1 圈斜卷结。

6. 重复步骤 4。

7~8. 头部轮廓线两边各加 1 根轴线，头部绕线继续绕编 1 圈斜卷结图。

9. 重复步骤 6。

10. 开始将头部轮廓线绕编进去。加入 20cm 长的白色 5 号线，每边 4 根做耳朵线。

11. 编到前面留下 5 根线不编。

12. 头部轮廓线编 3 圈后，收进去不编。

13. 鼻子下面加 4 根轴线，并收掉 2 根线。

14. 两侧相邻 2 根线合并 1 根做轴编斜卷结。

15. 后面也合并收掉 2 根线。

16. 中间 2 根线合并收掉 1 根线。

17. 编身体。另取 1 根 50cm 长的白色 5 号线做轴线,剩余头部轴线做绕线编 1 层斜卷结。

18~21. 侧面加入 8 根 30cm 长的白色 5 号线做胳膊线。第 3 层开始身体前后加 4 根 30cm 长的黄色 5 号线。

22. 第 4 层身体前后再加 4 根 30cm 长的黄色 5 号线。

23. 第 4 层身体前后再加 4 根黄色 5 号线。

24. 第 5 层身体前后再加 4 根黄色 5 号线。

25. 继续编 6、7、8 层，不加减线。

26. 底部收线缩小，加入腿部线。

27. 腿部编 4 至 5 层吉祥结。

28. 胳膊编 7 层吉祥结，剪掉余线烧黏。

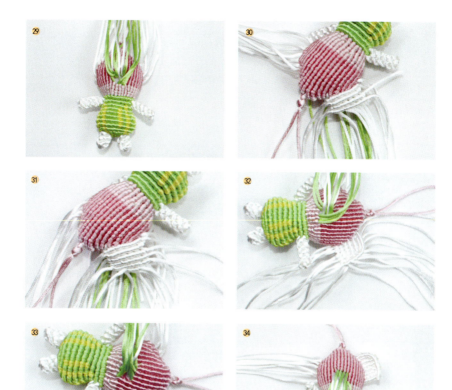

29. 胳膊编 7 层吉祥结，用 8 根 20cm 长的白色 5 号线编，剪掉余线烧黏。

30. 另取 4 根轴线，编 4 层斜卷结。两边留下 1 根不编。

31. 第 5 层，上面丢 2 根绕线，下面丢 1 根绕线。

32. 在另外余下的 8 根 20cm 长的白色 5 号线上开始编耳朵，如图编 1 层吉祥结。

33. 下耳朵线做轴，如图编 1 层斜卷结。

34. 剪掉余线烧黏，用同样方法编出另一只耳朵。

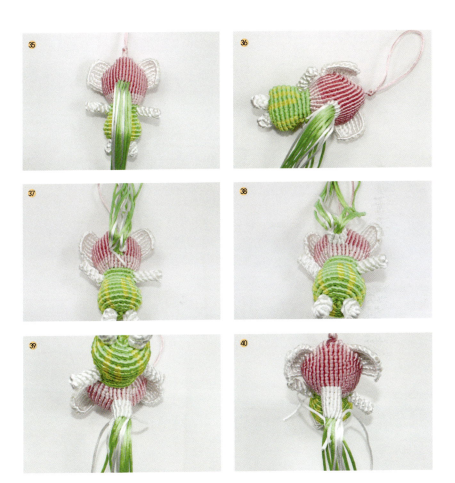

35. 剪掉余线烧黏，用同样方法编出另一只耳朵。

36~37. 编鼻子。另取 1 根 20cm 长的白色 5 号线做绕线，绕编 1 层斜卷结，下面 4 根不编。

38. 第 2 圈所有轴线绕编完。第 3 圈鼻子下面 2 根轴线合并成 1 根轴线。

39~40. 第 5 圈鼻子上面 2 根轴线合并成 1 根。

制作
过程

41. 另取 1 根 30cm 长的白色 5 号线编鼻子下面的 3 根轴线。

42. 原先的绕线继续绕编所有轴线 3 到 4 圈。

43. 最后绕线变成轴线，原先的轴线做绕线编 1 层斜卷结，余线剪短塞入里面。

44. 用 2 根 10cm 长的黑色 5 号线烧黏对接 1 对眼睛。

45~46. 用热熔胶将眼睛粘上，也可以直接粘上活动眼睛，作品完成。

熊猫 ······

材料：

热熔胶棒

白色 5 号线：150cm 1 根　300cm 1 根

黄色 5 号线：100cm 18 根　150cm 1 根

黑色 5 号线：20cm 15 根　150cm 1 根

制作
过程

1. 取 5 根 100cm 长的黄色 5 号线做轴线。 2. 另取 1 根 150cm 长的白色 5 号线做头部轮廓线绕编 1 圈。 3. 另取 1 根 300cm 长的白色 5 号线为头部绕线绕编 1 圈，注意黄色头部轮廓线不要绕编进去。 4~5. 头部轮廓线两边各加 2 根轴线，头部绕线继续绕编 1 圈斜卷结，每边各加上 4 根黑色 5 号线。 6~7. 头部轮廓线两边各加 2 根轴线，头部绕线继续绕编 1 圈斜卷结。

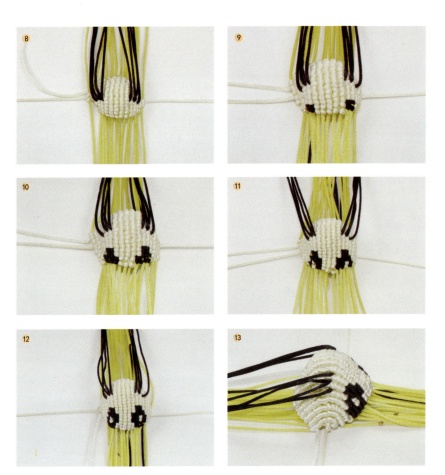

8~9.头部轮廓线两边各加1根轴线，头部绕线继续绕编1圈斜卷结，同时在眼睛位置换黑色5号线编2个斜卷结。

10.重复步骤6，注意眼睛颜色的变化。

11.重复步骤6，注意眼睛颜色的变化。

12~13.这一层开始加入1根150cm长的黑色5号线编头部轮廓线，注意眼睛颜色的变化。

14. 另取 1 根 20cm 长的黑色 5 号线，绕编在面部中间 3 根轴线上，编 3 层。

15. 白色绕线继续绕编 2 圈，不加减线。

16. 将轴线两两合并，用黑色绕线绕编 2 圈做脖子。

17. 另取 1 根 150cm 长的黄色 5 号线做轴线，剩余头部轴线做绕线编 1 层。

18. 第 2 层开始两侧各加入 4 根胳膊线，身体前后各加入 2 根线。

19. 继续编 4、5 层，不加减线。

20. 第 6 层开始逐渐收小，最后余线塞进去。

21. 用 4 根 20cm 长的黑色 5 号线编 3~4 层吉祥结，剪断余线烧黏，共编 2 个。

22. 用热熔胶将编好的吉祥结粘在腿上。

23~24. 胳膊编 6~7 层吉祥结，剪断余线烧黏。

25~26. 编耳朵。另取 1 根 20cm 长的黑色 5 号线做绕线，编圈斜卷结，中间编反斜卷结，编 2 层。

27. 第 3 层中间编 2 个反斜卷结。

28. 将最上面的绕线往下拉做轴，编 1 层斜卷结。

29. 两轴线交叉合并做轴，编 2 个斜卷结。

30~31. 剪断余线烧黏，并用同样方法编好另一只耳朵，作品完成。

雪娃娃 ::::::

材料:

热熔胶棒

红色 5 号线:100cm 1 根　50cm 1 根

黄色 5 号线:30cm 13 根

白色 5 号线:150cm 10 根

制作
过程

1. 编帽子。取 2 根 30cm 长的黄色 5 号线对折编 1 个纽扣结。留 1 根挂线。

2. 另取 1 根 100cm 长的红色 5 号线绕编在 4 根黄色 5 号线上。

3. 第 3 圈开始编 2 根加 1 根 30cm 长的黄色 5 号线做轴线。

4. 第 4 圈编 2 根加 1 根线。

5. 第 5 圈继续编 2 根加 1 根。

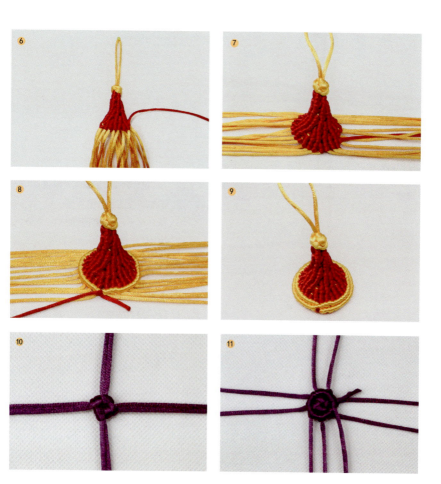

6. 第 6 圈编 3 根加 1 根。

7. 第 7 圈编 3 根加 1 根。

8. 另取 1 根线做轴线，原先的轴线做绕线编 1 层斜卷结。

9. 共编 2 层，剪掉余线烧黏。

10. 编雪人。（因拍摄效果原因，所以采用彩色线。）取 4 根 150cm 长的白色 5 号线编 1 层吉祥结。

11. 另取 1 根 150cm 长的白色 5 号线做轴编 1 层斜卷结。

12~14. 第2到4层每层加4根线,所示。

15. 不加减线继续再编4层。

16. 第9层将红色所示线收掉。

17. 第10层将黄色所示线收掉,11层不加不减线。

18~19. 12层开始加线,如图所示。

20. 加完线后继续编4层,不加减线。

21. 这一层开始依次收线,顺序同加线方式一样。

22．这一层开始依次收线，顺序同加线方式一样。

23．白色线效果图。

24．如图粘上雪人的眼睛、嘴巴。

25．用 1 根 50cm 长的红色 5 号线编 10cm 左右的双平结做围巾。

26．给雪人戴上帽子和围巾，作品完成。

丑小鸭 ·········

材料:

热熔胶棒　细铁丝：10cm 2 根

黄色 5 号线：100cm 14 根　150cm 1 根　200cm 1 根

红色 5 号线：20cm 12 根

黑色玉线：20cm 10 根

白色玉线：40cm 2 根

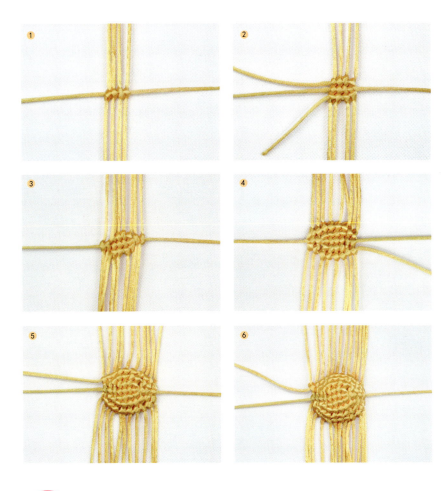

制作
过程

1. 取 4 根 100cm 长的黄色 5 号线做轴线，另取 1 根 150cm 长的黄色 5 号线做头部轮廓线，以反斜卷结方式绕编 1 圈。

2. 另取 1 根 200cm 长的黄色 5 号线绕线以反斜卷结方式绕编 1 圈，两轴线不要编进去。

3~4. 头部轮廓线两边各加 2 根轴线，头部绕线继续绕编 1 圈反斜卷结。

5. 头部轮廓线两边各加 1 根轴线，头部绕线继续绕编 1 圈反斜卷结。

6. 重复步骤 4。

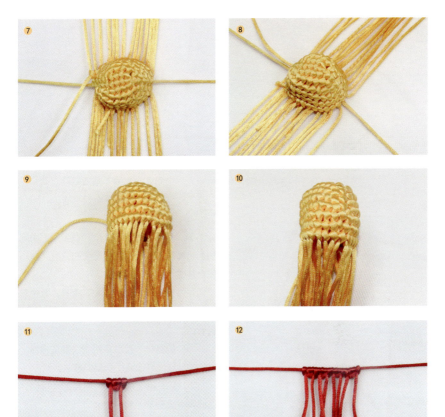

制作
过程

7~8. 第 6 层开始将轴线也绕编进去。

9. 不加不减线编到第 7 层。

10. 编第 8 层时将两边轴线放进去不编。

11. 编嘴巴，取 1 根 20cm 长的红色 5 号线，以雀头结方式挂在另一根红色线上。

12. 共挂上 4 根线。

13. 中间 4 根线编 1 层双平结。

14~15. 第 2 层编 2 个双平结。

16. 共做 1 对。

17. 头部继续编第 9 层，编到脸部中间加入上嘴唇。靠近头部轮廓线的前后 2 根轴线合并成 1 根编反斜卷结。

18. 编第 10 层时加入下嘴唇。再将靠近头部轮廓线的前后 2 根轴线合并成 1 根编斜卷结。

19. 编身体。反过来将绕线变成轴线，之前的轴线做绕线编 1 层反斜卷结。

20~21. 第 2 层，身体前后加 4 根线，以此类推编到第 4 层。

22. 在第 2、3 层之间加入 4 根翅膀线。

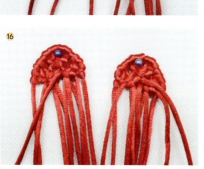

23. 继续编第 5、第 6 层，不加减线，第 7 层开始逐渐收小。

24. 编脚。取 2 根 10cm 长的细铁丝如图拧好。

25~26. 取 1 根 20cm 长的红色 5 号线在铁丝上编八字结。

27. 共做 1 对。

28. 编第 9 层时加入编好的脚，底部编完。

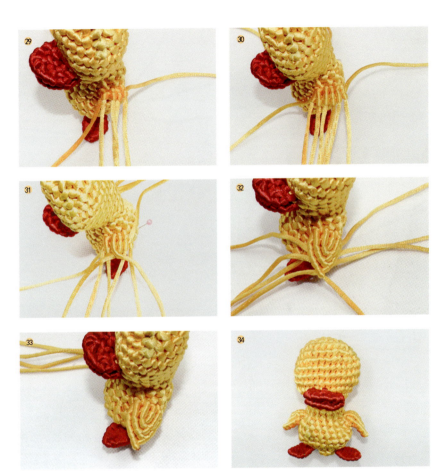

29. 编翅膀。另取 1 根线绕编在 4 根主线上。

30. 再取 1 根线，绕编在连同之前的绕线上。

31. 中间 2 根线交叉打结。

32~33. 如图所示编好，剪断余线烧黏。

34. 同样方法做出另一只翅膀。

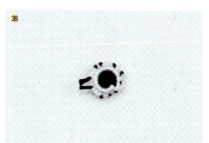

35. 编眼睛。取 4 根 20cm 长的黑色玉线编 1 个吉祥结。

36. 另取 1 根线做轴编 1 层斜卷结。

37. 换成 40cm 长的白色玉线编 1 圈，将原先的黑线编进去。

38. 如图剪掉余线，再用同样方法编另一只眼睛。

39. 用热熔胶将眼睛粘好，作品完成。

鸳鸯 ········

材料:

活动眼睛 1 对

尾部彩线：浅蓝色、鹅黄色、浅紫色 130cm5 号线各 1 根

翅膀线：50cm5 号线 20 根（粉色 2 根、鹅黄色 2 根、浅蓝色 2 根、黄色 14 根）

黄色 5 号线：130cm 15 根

蓝色 5 号线：50cm 1 根

红色 7 号线：20cm 1 根

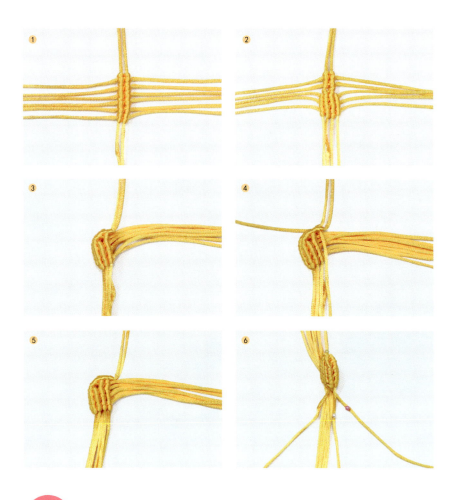

制作
过程

1. 取 7 根 130cm 长的黄色 5 号线，其中 2 根做轴线，另外 5 根依次以斜卷结方式绕在这 2 根轴线上。

2. 从下面数第 4 根绕线往下拉做轴，各编 1 层斜卷结。上面的 2 根轴线上加 1 根 130cm 长的黄色 5 号线做绕线。

3. 将最上面 1 根绕线往下拉，各编 1 层斜卷结。

4~5. 在上面的 2 根轴线上加 1 根 130cm 长的黄色 5 号线做绕线，然后下拉做轴编斜卷结。

6~7. 如图以白色珠针所示的线为轴，红色珠针所示的线为绕线编斜卷结。

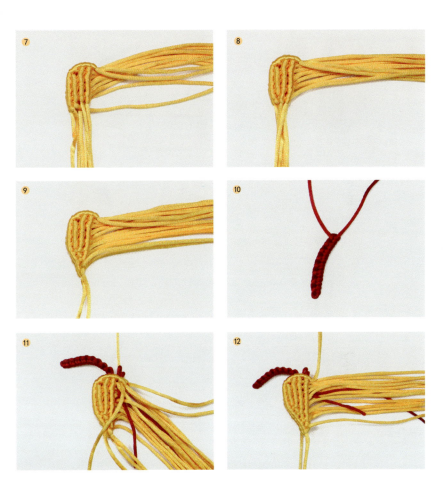

8. 如图绕线继续将最外面的 2 根轴线绕起来。另外一边用同样方法编好。

9. 以此类推，最后 2 根线交叉以斜卷结绕在 2 根轴线上。

10. 取 1 根 20cm 长的红色 7 号线编 7~8 组雀头结备用。

11. 2 根轴线上再加 1 根 130cm 长的黄色 5 号线做绕线，同时将编好的雀头结加进去做鸳鸯的冠和嘴巴。

12. 绕线继续做轴编 1 层斜卷结。

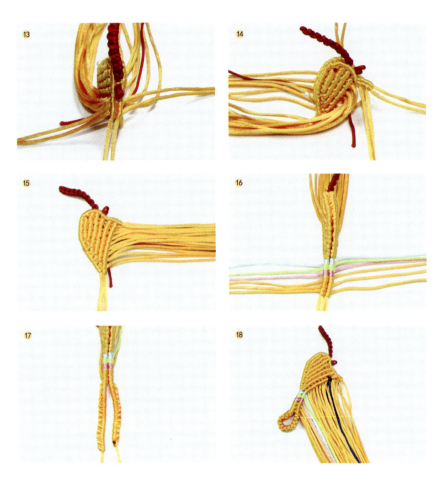

13. 如图位置，主线上继续加 2 根 130cm 长的黄色 5 号线做绕线。

14~15. 2 根绕线分别做轴编 2 层斜卷结，此时尾部有 4 根线。

16. 尾部 4 根线两两合并，上面挂上 6 根 130cm 长的 5 号线（浅蓝色、鹅黄色、浅紫色 5 号线各 1 根，黄色 130cm 长的 5 号线 3 根）做鸳鸯的尾巴。（颜色分布如图）

17. 2 组轴线各编 1 组长 5cm 左右的雀头结，余线剪短烧黏。

18. 尾部主线分别往前拉做轴，编 1 层斜卷结，并如图加 1 根 50cm 长的蓝色 5 号线。最后 2 根尾部主线交叉绕在头部轴线上。

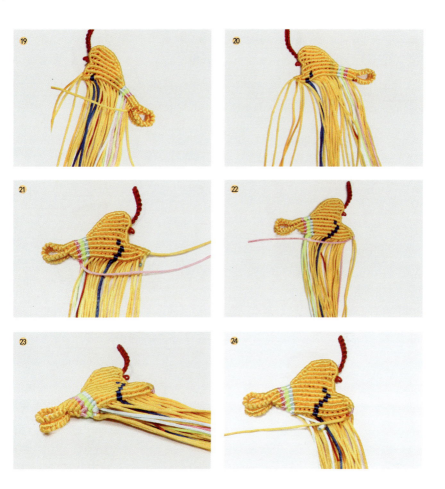

19~20. 尾部第1根绕线交叉往前拉继续做轴，编1层斜卷结，深色线和前面的线换
1根位置。

21. 以此类推。

22~23. 粉色线继续做轴编1层斜卷结，编完后轴线塞进肚子里。

24. 前面主线往回拉做轴编1圈斜卷结，编完后轴线塞进肚子里。

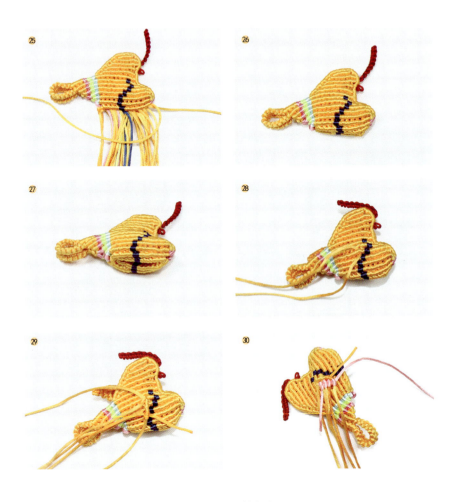

25. 最前面的 1 组线交叉往后拉做轴编 1 层斜卷结。

26~27 最后所有余线塞进身体内，鸳鸯身体完成。

28. 编鸳鸯的翅膀，如图在鸳鸯身体上穿上 1 根 50cm 长的黄色 5 号线。

29. 如图 1 端加 3 根 50cm 长的黄色 5 号线做轴。

30. 取 1 根粉色 5 号线编 1 圈斜卷结。

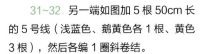

31~32. 另一端如图加 5 根 50cm 长的 5 号线（浅蓝色、鹅黄色各 1 根、黄色 3 根），然后各编 1 圈斜卷结。

33. 轴线从右到左依次做绕线，编至如图样子。

34. 剪掉余线烧黏，用同样方法编好另一只翅膀。

35. 粘好活动眼睛，作品完成。

玩偶欣赏 >>

乌龟

小白兔

老虎

花猫

青蛙

魔法精灵

小老虎

小老鼠

兔子

小花猪

玩偶娃娃

老鼠恋人

胖猪猪

企鹅

圣诞老人

鹅

蜻蜓

小马

小猪宝宝

小金猪